おきなわの
星

文 ✦ 福里美奈子　絵 ✦ ミキシズ

星は世界中どこからも見ることができます。でも、場所によって見え方が違うことを知っていますか？　さらに、同じ場所であっても季節や時間によっても見える星は違います。その時、その場によって、星空はさまざまな姿を見せてくれます。

電気がなく夜空の暗い時代には、星や月は現代よりもずっと鮮やかに見えていました。かがやく星たちに想像力をかきたてられた世界中の人々が、星にさまざまな名前をつけ、星座を生み出し、星にまつわる物語をたくさん作ってきました。

わたしたちが暮らす沖縄は日本列島よりも南西の位置にあり、他の地域では水平線の下となってほとんど見られない星を見ることができ、運がよければ南十字星も見られます。沖縄最古の歌謡集「おもろさうし」には、星や月を歌ったものがありますし、よく知られた「てぃんさぐの花」の歌詞には、「ニーヌファブシ」が登場します。

かつては、星が出てくる時期によって農業の植え付け時期なども決めていたといい、現代のわたしたちが思う以上に、星は生活にとって重要なものでした。

沖縄の夜空に広がる満天の星たち。この本を通して、沖縄で見られる星座やその名前、沖縄独特の星にまつわる物語を知り、自分で実際に星をさがして、星空の広がりと深さを味わってほしいと思います。

おきなわの星とくらし

● 星座は88個と決められている

夜空を見上げると、明るい星も暗い星もあります。色も、白い星ばかりではなく赤い星や青っぽい星……いろんな星がかがやいています。昔から人びとは明るい星やめだつ星に名前をつけてきました。また、いくつかの星を結び、動物や神々の姿を思いえがき、名前をつけたのが「星座」です。その後、世界各地で、さまざまな呼び名が生まれてきました。

現在では、世界共通で境界が決められて88の星座があります。今から5000年ほど前のメソポタミア地方で、星座の原型が生まれたと言われています。

● 赤道に近いからたくさんの星座が見られる

沖縄は日本列島の南にあるので、他の地域ではなかなか見られない星座を見ることができます。地球の赤道に近いほどたくさんの星座を見ることができ、なんと沖縄では星座88個のうち84個を見ることができます（星座の一部しか見えないものも含む）。

暦がなかった頃には、星を観察して農業の種まきや刈り入れが行われていたといいます。街灯がない時代には夜道を歩くには月明かりが頼りでした。そんな時代から語り継がれてきた民話の中には星や月にまつわるお話もたくさんあります。

満天の星をながめながら聞く物語、どんなに心おどったことでしょう。

● くらしと星

星は古くからさまざまな目印にされてきました。うみんちゅ（沖縄の漁師）たちは夜明け前にひときわ明るくかがやくユーアキブシ（夜明け星＝金星）が出るのを見て、競りの時間に間に合うよう帰りました。八重山地方ではかつては「星見石」という石を使ってむりかぶしの位置を調べて、農業の種まきを行いました。むりかぶしとは「群れ星」の意味で「すばる」（プレアデス星団）のこと。八重山地方には「むりかぶしゆんた」という歌もあります。

● ニーヌファブシ（北極星^{ほっきょくせい}）

いつでも真北^{まきた}にある北極星^{ほっきょくせい}のことを沖縄^{おきなわ}では「ニーヌファブシ」といいます。ニーヌファとは「子^ねの方角^{ほうがく}（北^{きた}）」で、北^{きた}にある星^{ほし}という意味^{いみ}。北^{きた}の方角^{ほうがく}を知^しることができ、星^{ほし}をさがすときの目印^{めじるし}にもなります。うみんちゅが夜^{よる}の海^{うみ}を航海^{こうかい}するときには、ニーヌファブシの方角^{ほうがく}を目印^{めじるし}に船^{ふね}を進^{すす}めました。ニーヌファブシは昔^{むかし}から歌^{うた}われてきた有名^{ゆうめい}な「てぃんさぐぬ花^{はな}」にも登場^{とうじょう}します。

夜^{ゆる}走^はらす船^{ふに}や　子^にぬ方星^{ふぁぶしみ}目当^{みあ}てぃ

我^わん生^なちぇる親^{うや}や　我^{わん}どぅ目当^{みあ}てぃ

（夜^{よる}に走^{はし}らす船^{ふね}は　ニーヌファブシを目当^{めあ}てに

私^{わたし}を産^うんだ親^{おや}は　私^{わたし}を目当^{めあ}てに）

こぐま座^ざ

ニーヌファブシのおはなし

むかしむかし、ある村^{むら}に父親^{ちちおや}を早^{はや}くに亡^なくし、貧^{まず}しく暮^くらしている母親^{ははおや}と兄弟^{きょうだい}がいました。兄^{あに}は怠^{なま}け者^{もの}で遊^{あそ}んでばかりでしたが、弟^{おとうと}は母親^{はは}を大切^{たいせつ}にし、何^{なに}くれとなく手助^{てだす}けをしていました。

しかしある日^ひ、急^{きゅう}な病気^{びょうき}で母親^{ははおや}が亡^なくなってしまいました。悲^{かな}しみのあまりに仕事^{しごと}も手^てにつかなくなってしまった弟^{おとうと}の前^{まえ}に、みすぼらしい服^{ふく}を着^きたおばあさんが現^{あらわ}れてこう言^いいました。

「そんなに母親^{ははおや}に会^あいたいなら、私^{わたし}についてきなさい」

弟^{おとうと}が兄^{あに}とともについていくと、大^{おお}きな川岸^{かわぎし}に小^{ちい}さな舟^{ふね}が寄^よせられていました。

「この舟^{ふね}を漕^こいで向^むこう岸^{ぎし}へ渡^{わた}るとお母^{かあ}さんに会^あえるよ」。おばあさんにそう言^いわれて、二人^{ふたり}は舟^{ふね}に乗^のり込^こみ、一生懸命^{いっしょうけんめい}に舟^{ふね}を漕^こぎました。

しかし、川^{かわ}の流^{なが}れはとても速^{はや}く、なかなか前^{まえ}に進^{すす}みません。とうとう兄^{あに}はあきらめて舟^{ふね}に寝転^{ねころ}がってしまいました。弟^{おとうと}は歯^はを食^くいしばって舟^{ふね}を漕^こぎましたが、一人^{ひとり}だけの力^{ちから}では流^{なが}れに勝^かつことはできません。舟^{ふね}はどんどん流^{なが}されていきました。

やがて前方^{ぜんぽう}に、ゴーゴーと大^{おお}きな音^{おと}を立^たてて滝^{たき}が近^{ちか}づいてきました。

弟^{おとうと}が「もうだめだ！滝^{たき}に落^おちる！」と思^{おも}ったその時^{とき}、舟^{ふね}に乗^のっていたおばあさんが弟^{おとうと}を抱^だきかかえ、天^{てん}へと上^あがっていきました。おばあさんは弟^{おとうと}に「お前^{まえ}はとても立派^{りっぱ}だ。これからはずっとここで人々^{ひとびと}の目当^{めあ}てになりなさい」と言^いい、弟^{おとうと}はニーヌファブシになりました。お兄^{にい}さんの方^{ほう}は、「もっと苦労^{くろう}しなさい」と天^{あま}の川^{がわ}の中^{なか}でたくさんの星^{ほし}から離^{はな}れたところにポツンとさびしく光^{ひか}る星^{ほし}になりました。

星をながめてみよう

● 星の明るさと色

夜空の星は太陽にくらべるとたいへん小さな光にしか見えません。これらのほとんどの星は太陽のように自分で光りかがやく星たちです（恒星といいます）。しかし、ずっとずっと遠いところにあるので、小さなかがやきに見えるのです。

星にはとても明るく光っている星もあれば、暗くてかすかにしか見えない星もあります。地球から見たときの星の明るさの順に1等星、2等星、3等星とグループ分けしています。街の明かりがない場所では、ぎりぎり6等星まで見ることができます。

またよく見ると星には色があって、赤い星や青い星などがあります。これは温度のちがいによるもの。赤っぽい星ほど温度が低く、青っぽい星ほど温度が高くなります。

● 天の川銀河

天の川銀河は約2000億個の星の集まりで、私たちの住んでいる地球を含む太陽の仲間（太陽系といいます）も、この天の川銀河の中にあります。そして、私たちが見ている夜空の星も天の川銀河の中にあります。

銀河の中で、星の集団を「星団」、宇宙のガスやチリが集まった場所は「星雲」と言います。

銀河は宇宙には数千億個から数兆個あると考えられています。どれもたいへん遠いところにあり、天の川銀河からおとなりのアンドロメダ銀河まででも、光の速さで250万年かかる距離にあります。

星座は1等星、2等星、3等星など、いろいろな明るさの星を結んでできています。
星には星座ごとにα、β、Γなどのギリシャ語のアルファベットなどがつけられています。

オリオン座

3等星
メイサ
λ

1等星
ベテルギウス
α

γ
2等星
ベラトリクス

三ツ星
2等星

オリオン
大星雲

β
1等星
リゲル

k

2等星
サイフ

● 星の動き

星空を見ていると、星が少しずつ動いているのがわかります。

星は太陽と同じように東から上り西に沈みます。そして北極星を中心に一日に約一回転するように見えます。これは実際には星空が動いているのではなく、地球がコマのように回っている（自転といいます）ためです。

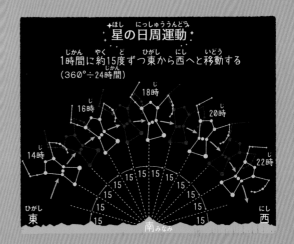

★星の日周運動★

1時間に約15度ずつ東から西へと移動する
（360°÷24時間）

星は1時間に約15度ずつ西へ動いて見えるので、時間によって見える星座がちがっているのです。

ちょうど真南で一番高くなるのを「南中」と言うよ

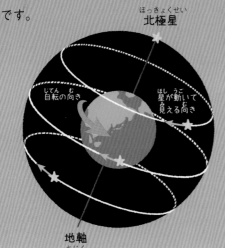

★地球から見た東西南北の星の動き★

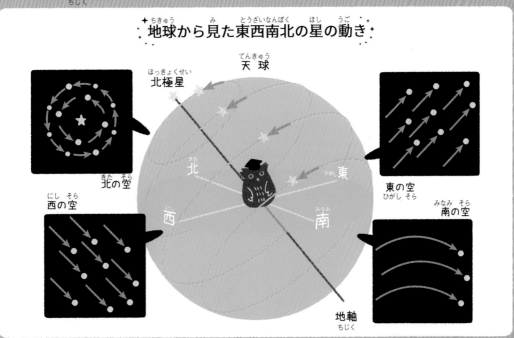

春夏秋冬の星空

● 季節ごとに見える星座が変わる

夜空には、毎日同じ時間に同じ星が上がってくるのではありません。見える星座も少しずつ変わり、一年で一周します。そのため、春・夏・秋・冬のそれぞれの星座があって季節を彩っているのです。星の動きを見て、昔の人は季節を知る目安としました。

季節の星座とは、その季節の 20 時から 24 時頃に南の空に見える星座のことです。

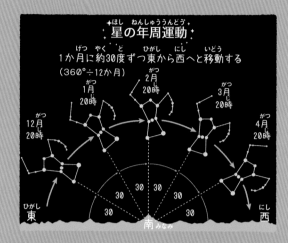

● 太陽の通り道を通る 12 の星座

地球は太陽の周りを一年かけて回っています。地球から見ると、空には「黄道」と呼ばれる太陽の通り道があります。黄道上にある 12 星座は古くからよく知られているものばかり。昔の人々にとっては季節を知るために大切な星座でした。黄道上には 12 星座がぐるっとひと周り並んでいますが、太陽の方向にある星座は昼間の明るい時に空に上がっているので見ることはできません。12 星座を覚えておくと、惑星の位置を確認するときに役立ちます。

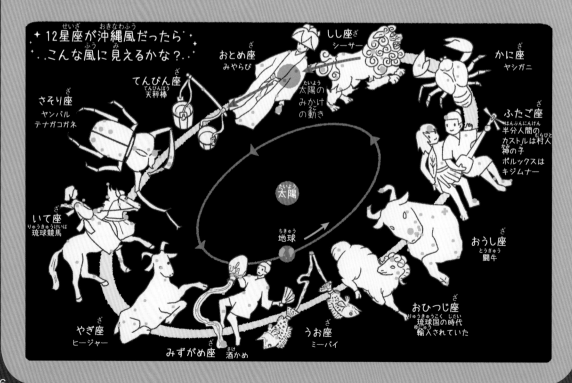

● 星空図の見かた、星のさがしかた

この本では「春の星」「夏の星」「秋の星」「冬の星」を真南に向かって見上げた時の星空図と、真北に向かって見上げた時の星空図を載せています。半球のてっぺんが頭の真上（天頂）にあたります。

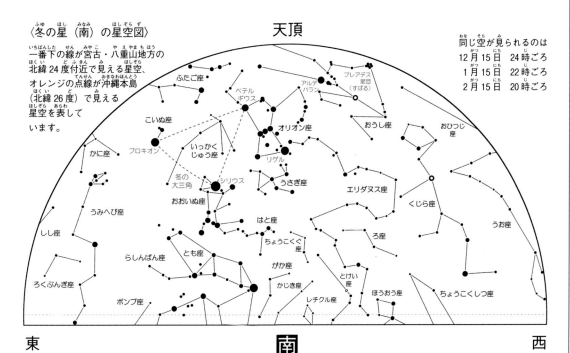

〈冬の星（南）の星空図〉
一番下の線が宮古・八重山地方の北緯24度付近で見える星空、オレンジの点線が沖縄本島（北緯26度）で見える星空を表しています。

天頂

同じ空が見られるのは
12月15日　24時ごろ
1月15日　22時ごろ
2月15日　20時ごろ

（図中ラベル）ふたご座、ベテルギウス、こいぬ座、プロキオン、いっかくじゅう座、かに座、冬の大三角、シリウス、おおいぬ座、うみへび座、しし座、ろくぶんぎ座、ポンプ座、らしんばん座、とも座、はと座、かじき座、レチクル座、とけい座、がか座、ちょうこくぐ座、うさぎ座、リゲル、オリオン座、エリダヌス座、プレアデス星団（すばる）、アルデバラン、おうし座、おひつじ座、くじら座、うお座、ろ座、ほうおう座、ちょうこくしつ座

東　　　　　南　　　　　西

● 時間によって見える位置が変わる

星は時間によって見える位置が変わっていきます。それぞれの星空図のそばには日にちと時間が書かれていますが、これは図の星座と実際の星座の位置が同じに見える日時を示したものです。
たとえば上の〈冬の星（南）の星空図〉は、「12月15日24時ごろ・1月15日22時ごろ・2月15日20時ごろ」の南の空を見上げた時の星座の位置をあらわしています。くわしく知りたい場合は市販の「星座早見盤」やスマートフォンのアプリなどを使うと便利です。

● はじめに必ず方角を確認して

違う方向を見てさがしても星は見つかりません。日が沈む方角の西を右手にすると、左手は東、正面は南、うしろは北になります。また、北極星を見つければ北の方角がわかります。おおよそでもい

いので東西南北の方角を確認しましょう。スマートフォンアプリのコンパスも便利です。

● 星の等級について

この星空図は1等星から5等星くらいの比較的明るい星が載っています。惑星は入っていません。
見える星の数は空の状態によって変わります。まずは明るい星や特徴的な並びの星をさがして、そこから順にたどっていきましょう。
条件によっても見える星の数はちがってきます。たとえば周りが明るいと暗い星は見ることができませんし、明るい月が出ている時や雲が出ている時、空気の状態でも変わってきます。

星座がわかると楽しいよ

春の星

「北斗七星（ナナチブシ）」から明るい星をたどると「南十字星」（みなみじゅうじ座）の位置を知ることもできます。

天頂

同じ空が見られるのは
3月15日 24時ごろ
4月15日 22時ごろ
5月15日 20時ごろ

東　　　南　　　西

● 北斗七星（ナナチブシ）

七つの星の並びが、水をくむ「ひしゃく」のような形をしていて、とても目立つ「北斗七星」が北の空に上がってきます。沖縄ではナナチブシ（七つの星）、カジマヤーブシ（風車の星）、フナブシ（船星）と呼ばれます。

北斗七星という名前は中国から伝わったもの。中国や沖縄では人間の寿命を司る神様というお話もあります。

北斗七星の2番目の星のそばには、小さな子どもの星があるよ

ひしゃくの先端の二つの星を、開いた方向に5つ分延ばすと北極星を見つけることができます。

6
7
5
4
北斗七星
3
2
1
北極星
おおぐま座

北斗七星はおおぐま座の腰からしっぽにあたる部分です。

春の夜空は空気が澄んだ冬とは違い、透明度が低くなります。明るい星も冬に比べると少ないのですが、ぼんやりとかすんだ空でやさしく光ります。うみへび座やおとめ座などの大きな星座がゆったりと横たわり見る人の心を癒してくれます。

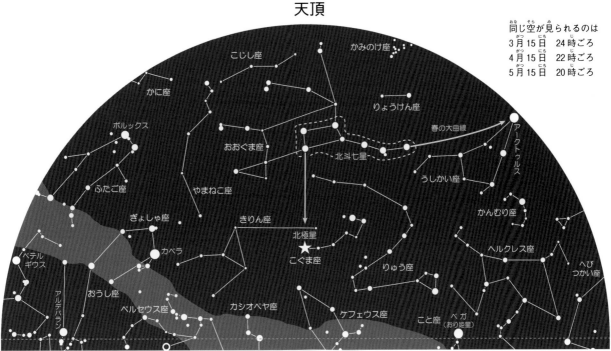

天頂

同じ空が見られるのは
3月15日　24時ごろ
4月15日　22時ごろ
5月15日　20時ごろ

こじし座
かみのけ座
かに座
りょうけん座
ボルックス
春の大曲線
アークトゥルス
おおぐま座
北斗七星
うしかい座
ふたご座
やまねこ座
かんむり座
ぎょしゃ座
きりん座
北極星
こぐま座
ヘルクレス座
ベテルギウス
カペラ
りゅう座
へびつかい座
アルデバラン
おうし座
ペルセウス座
カシオペヤ座
ケフェウス座
こと座
ベガ（おり姫星）

西　　　　　　　　　　北　　　　　　　　　東

琉球王朝時代に中国との貿易を行っていた進貢船の旗には、航海の安全を願って北斗七星が描かれていました（七ツ星旗）。

お嫁さんになった星

沖縄には北斗七星（ナナチブシ）のお嫁さんのお話がたくさんあります。そのうちのひとつをご紹介しましょう。

むかしむかし、とても貧乏でしたが親孝行な息子がいました。母親が亡くなり、借りた葬式代を返すためにひとりぼっちで一生懸命働いていました。そのようすを空からナナチブシの一番上のお姉さん星が見て、なんとか手助けしたいと女の人に姿を変えて降りてきました。

「どうかわたしをお嫁さんにしてください」

若者は、はじめは断りましたが、何度もお願いするのでとうとう一緒に暮らすことにしました。

ある日、畑仕事で帰りが遅くなった若者が北の空を眺めると、ナナチブシの一番上の星が消えていることに気づきました。そのことをお嫁さんに話すと「私が一番上の星です。分かってしまったからには天に帰らなければなりません」と言って天に戻っていきました。

天に戻ったお姉さん星は、一度地上に降りてしまったということで、2番目の星と位置を代わりました。今でも2番目の星のそばをよく見ると、一緒に天に連れていった子どもの星が光っています。

9

沖縄で「南十字星」さがしにチャレンジ

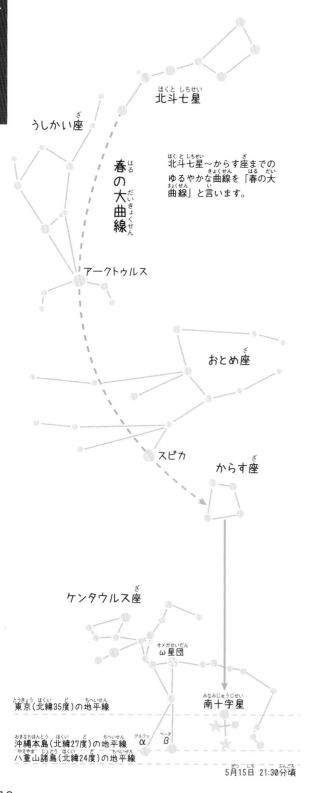

北斗七星

うしかい座

春の大曲線

北斗七星〜からす座までのゆるやかな曲線を「春の大曲線」と言います。

アークトゥルス

おとめ座

スピカ

からす座

ケンタウルス座

ω星団

東京（北緯35度）の地平線

沖縄本島（北緯27度）の地平線
八重山諸島（北緯24度）の地平線

α　β

南十字星

5月15日　21:30分頃

南天の星で有名な「南十字星」（みなみじゅうじ座）は日本列島では見られませんが、沖縄本島以南で全体を見ることができる星座です。小さな十字架の形に4つの星が並んでいます。4つのうち、上の3つの星は意外と簡単に見つけられますが、一番下の星はなかなか見ることができません。

「南十字星」をさがすときには、まずは北の空のおおきなひしゃく、北斗七星（ナナチブシ）から、取っ手のカーブを円を描くように延ばすとオレンジ色の明るい星（うしかい座の1等星「アークトゥルス」）があります。そのまま延ばしていくとおとめ座の1等星「スピカ」、さらに延ばすと星が台形に並んだからす座にたどり着きます。からす座がちょうど真南に高く上がった頃、その下の水平線上に「南十字星」があります。

水平線のすぐ上はもやがかかりやすく、晴れた日でも「南十字星」の一番下の星を見つけるのはとても難しいです。ただ、肉眼で見えなくても双眼鏡で見ることができる場合もあります。沖縄でも、本島からさらに南にある宮古島や八重山諸島の方がよく見ることができます。

5月はじめ、沖縄が梅雨に入る前に見ておきたいですね。

「南十字星」が見えたと思ったら、一番下の星だけがどんどん動いていき、「星じゃなくて漁船だった！」ということも。

春の大三角で星座をさがそう

うしかい座の1等星「アークトゥルス」、おとめ座の1等星「スピカ」、西側にある「デネボラ」（しし座のしっぽの2等星）を線で結んだものが「春の大三角」です。

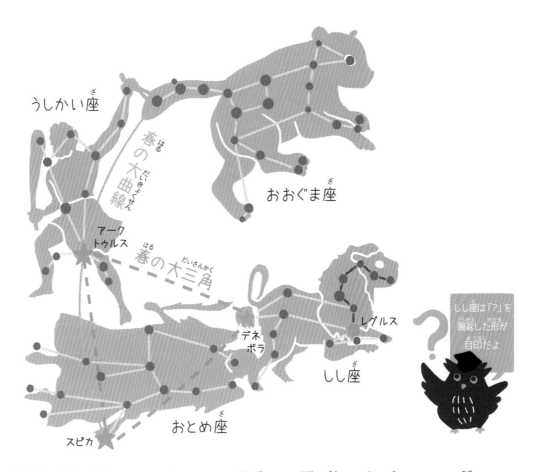

しし座は春の星座の中でもっとも見つけやすい星座です。東の空から駆け上がるように昇ってきて、西の海に飛び込むように沈んでいきます。心臓で光る1等星は「レグルス」といい、1等星は全部で21個ありますが、そのうちで最も暗い1等星です。

● 八重山で「パイガブシ」と呼ばれる星

ケンタウルス座のα星「リギルケンタウルス」とβ星は、「南十字星」が沈みかけるのと入れ違いに上がってきます。この二つの星は八重山地方では「パイガブシ」「ハイカブス」「マナビアブー」と呼ばれ、6月頃、宵の空に並んで見えたら稲の刈り入れ時期だと言われます。

その頃には夏の星座であるさそり座も上がってきています。さそり座からケンタウルス座あたりまで続く明るめの星々はキラキラと美しく、宮澤賢治の『銀河鉄道の夜』に描かれているケンタウル祭の、蛍のような豆電球のすがたを思わせます。ケンタウルス座のα星は太陽系から一番近い星座の星ですが、それでも光でさえ4年以上かかる距離のところにあります。

惑星について

● いちばん星・金星

夕方、西の空におどろくほど明るくかがやく「いちばん星」が見えたら、それはだいたい「金星」という惑星です。金星は「宵の明星」とも言われ、日の入り後、まだほんのりと明るい空に光って見えます。夕方ではなく、夜明け前の朝早い時間にも金星が見られることがありますが、これは「明けの明星」と言われます。沖縄では「ユーアケブシ（夜明け星）」と呼ばれ、時間の目安とされていました。金星は、太陽、月に次いで明るい天体です。

まだほんのり明るい夕方の空に、細い月と金星が並ぶ風景はとても美しいものです。

● 地球の兄弟星

惑星は地球と同じく太陽の周りを回っている太陽系の仲間です。太陽ができた残りの材料から誕生した、「地球の兄弟星」とも呼ばれる惑星は全部で8つあります。太陽から近い順に、水星・金星・地球・火星・木星・土星・天王星・海王星です。惑星は、太陽の光を反射して光っているので、よく見るとほかの星（恒星）ほどキラキラとはまたたきません。こんなに広い星空ですが、月と惑星の通り道は太陽の通り道（黄道）とほぼ同じ。惑星によって太陽を回るスピードが違うので、黄道を通りながら近づいたり追い越したりして、惑星同士が寄り添うこともあります。星座の中をさまようように移動するために惑星と呼ばれるのです。

太陽

水星

金星

地球

火星

木星

土星

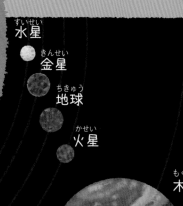

● 惑星を観察してみよう

沖縄では惑星が高く上がるために、大気や街の明かりの影響が少ない状態で観察することができます。天王星と海王星以外は肉眼で見ることができますが、肉眼では点にしか見えません。

● 水星・金星・火星（岩石惑星）

水星・金星・火星は地球と同じように硬い岩石の地面を持つ岩石惑星（地球型惑星）です。

水星と金星は地球が太陽の周りを回るよりも内側の、より太陽に近いところを回っているので、真夜中に見ることはできません。火星は地球よりひとつ外側で太陽の周りを回っています。火星よりも地球の方が早く回るため、地球は火星に近づき、そして追い越します。それが2年2か月ごとに起こる火星の最接近です。最接近の時には肉眼でもひときわ明るく赤い迫力のある火星を楽しめます。

● 木星・土星（巨大ガス惑星）

木星・土星はおもにガスからできているガス惑星（木星型惑星）です。

木星は惑星の中で最も大きく、直径は地球の11倍もあります。さらに、大接近した時の火星以外では、金星に次いで4番目に明るいのが木星です。望遠鏡では表面の縞模様や、ガリレオが自作の望遠鏡で発見したという4つのガリレオ衛星も見られます。

土星には周りに環がありますが、この輪っかのほとんどが氷の粒でできています。望遠鏡で土星の環を初めて見たときの感動は忘れられないことでしょう。

● 天王星・海王星（巨大氷惑星）

天王星・海王星はおもに氷からできているため、氷惑星（天王星型惑星）と呼ばれています。

7番目の惑星・海王星と8番目の惑星・天王星は地球から遠くにあるため、肉眼での観察はむずかしいです。

海王星の外側にある冥王星は惑星ではなく、準惑星というグループになります。

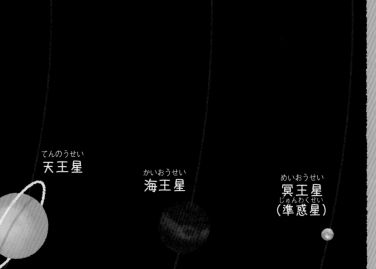

天のうせい
天王星

かいおうせい
海王星

めいおうせい
冥王星
じゅんわくせい
（準惑星）

沖縄は、他の地域に比べてジェット気流の影響を受けにくく、上空の風の動きが少ないです。そのため望遠鏡で拡大したときに像が揺れにくく、望遠鏡での観察にも向いています。火星大接近の時などには他の地域から写真を撮影するために来る方もいます。

夏の星

夏には天の川（ティンガーラ）を眺めて、おり姫、ひこ星をさがしてみよう。「ふしぬやーうちー」（流れ星）も見られるかも。

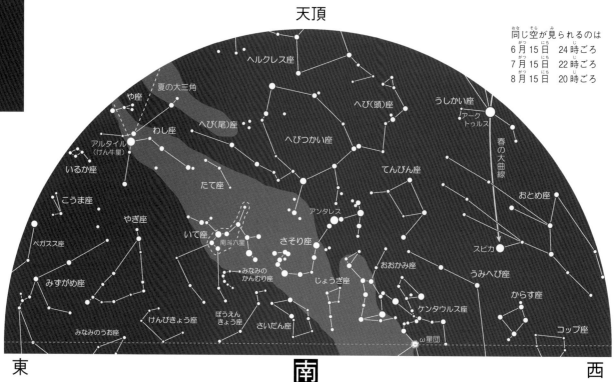

天頂

同じ空が見られるのは
6月15日 24時ごろ
7月15日 22時ごろ
8月15日 20時ごろ

ヘルクレス座
や座
夏の大三角
わし座
へび（尾）座
へび（頭）座
うしかい座
アークトゥルス
春の大曲線
アルタイル（けん牛星）
へびつかい座
いるか座
たて座
てんびん座
こうま座
おとめ座
やぎ座
アンタレス
いて座
南斗六星
さそり座
スピカ
ペガスス座
みずがめ座
みなみのかんむり座
おおかみ座
じょうぎ座
うみへび座
けんびきょう座
ぼうえんきょう座
さいだん座
ケンタウルス座
からす座
みなみのうお座
ω星団
コップ座

東　　南　　西

● 天の川は星の集まり

天の川は、沖縄では「ティンガーラ」（天の川）と呼ばれます。小さな星がとてもたくさん集まったもので、街の明かりのない暗い場所で見ると白っぽいモヤや雲のようにも見えます。英語では天の川をミルキーウェイ（乳の道）といいます。夏の夜に南の空に見えるさそり座のしっぽ〜いて座あたりが、天の川の最も濃い部分です。いて座の弓の部分はティーポットのようにも見え、天の川はポットから立ちのぼる湯気のように見えます。双眼鏡で天の川を眺めてみると、肉眼では見えないたくさんの星たちを見ることができます。

七夕や夕涼みの散歩で見上げた空には明るい白い星や赤い星、特徴がある星の並び、それになんといっても街明かりがない場所で見る夏の天の川は息をのむばかりです。

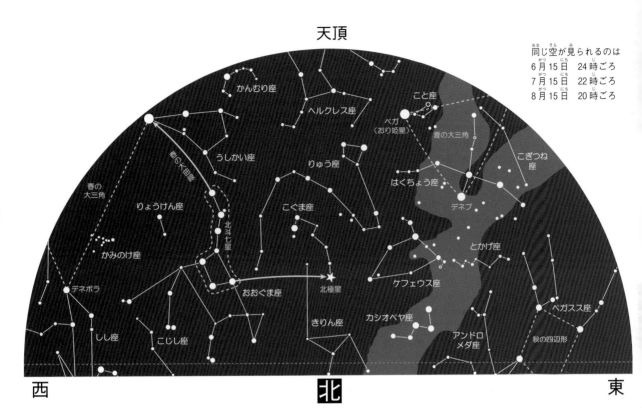

天頂

同じ空が見られるのは
6月15日 24時ごろ
7月15日 22時ごろ
8月15日 20時ごろ

かんむり座
ヘルクレス座
こと座
ベガ
（おり姫星）
夏の大三角
こぎつね座
うしかい座
りゅう座
はくちょう座
春の大三角
ペガ
春の大曲線
デネブ
りょうけん座
こぐま座
とかげ座
北斗七星
かみのけ座
ケフェウス座
ペガスス座
デネボラ
おおぐま座
北極星
カシオペヤ座
きりん座
アンドロメダ座
秋の四辺形
しし座
こじし座

西　　　　　　　　　　　　北　　　　　　　　　　　　東

● 天の川銀河のかたち

天の川は、天の川銀河を中から見た姿です。

夏の夜空が向いているのは、たくさんの星がある銀河系の中心方向です。夏は一年で最も濃く美しい天の川を見ることができます。

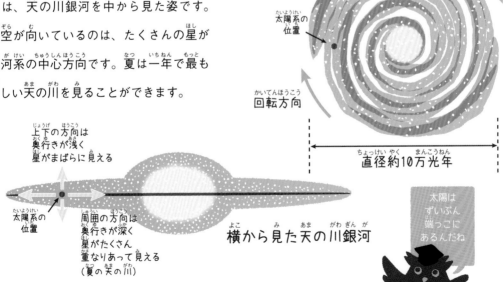

上または下から見た
天の川銀河

太陽系の位置

回転方向

直径約10万光年

上下の方向は
奥行きが浅く
星がまばらに見える

太陽系の位置

周囲の方向は
奥行きが深く
星がたくさん
重なりあって見える
（夏の天の川）

横から見た天の川銀河

太陽はずいぶん端っこにあるんだね

天の川　おり姫・ひこ星

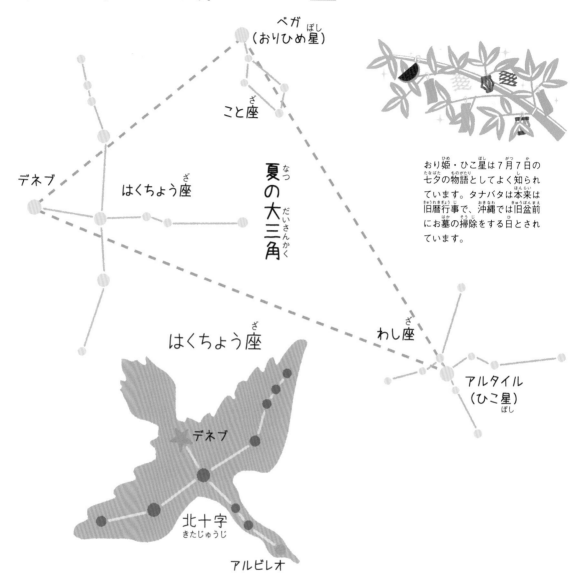

ベガ
（おりひめ星）

こと座

デネブ

はくちょう座

夏の大三角

わし座

はくちょう座

アルタイル
（ひこ星）

デネブ

北十字
（きたじゅうじ）

アルビレオ

おり姫・ひこ星は7月7日の
七夕の物語としてよく知られ
ています。タナバタは本来は
旧暦行事で、沖縄では旧盆前
にお墓の掃除をする日とされ
ています。

7月下旬〜8月上旬の21時頃、沖縄ならでは
の見ごたえのある高さに上がる星があります。
南の空のさそり座と、東の空の「夏の大三角」
です。
夏の夜空を見上げてみましょう。「夏の大三角」
の三角のてっぺんにある1番明るい星がこと座
の「ベガ」、南側に見えるのはわし座の「アル
タイル」、北側に見えるのがはくちょう座の「デ
ネブ」です。ベガはおり姫星ともよばれ、天女

を思わせるように純白にきらきらかがやいてい
ます。アルタイルがひこ星で、さらに、よく見
るとひこ星の両脇に小さな星が2つあります。
これはひこ星が連れている2匹の牛と言われて
います。星がたくさん見える場所では、おり姫
とひこ星の間に天の川が流れているのを見るこ
とができます。ひこ星の近くに、天の川から飛
び跳ねた魚のように星が並んだ、いるか座があ
ります。さがしてみてくださいね。

Summer の「S」さそり座

さそり座の上に大きなぜんざいのような星の並びがあります。これがへびつかい座。ふわふわのかき氷がたっぷりのった、沖縄のぜんざい!

へび座(尾)　へび座(頭)

へびつかい座

いて座

南斗六星

てんびん座

さそり座　アンタレス

みなみのかんむり座

沖縄ではさそり座の大きなJの字形を釣り針に見立てて、イユチュヤーブシ(魚を釣るもの)と呼んでいます。

南の空にとても目立つ赤い星があります。これが、さそり座の心臓で光る1等星「アンタレス」。さそり座はS字を描くような星の並びが特徴的で、全体の形も分かりやすい星座です。夏の星座なので「Summer(夏)」のSと覚えてください。
さそり座の上にはへびつかい座とへび座がかくれています。

✦ ペルセウス座流星群

ペルセウス座流星群は夏の夜にふさわしい華やかな流星群です。ペルセウス座は秋の星座ですが、流星群は学校が夏休みのころ、7月17日から8月24日頃まで出現します。毎年8月13日頃に極大(流星群が最も活発に活動する時期)を迎えます。極大は年によって異なるので、国立天文台のホームページなどから確認しましょう。

ペルセウス座は沖縄だと夜の9時過ぎからしか上がってきません。星座が高く上がった夜半頃〜空が明るくなる前までが多くの流星を観察できるようです。
「流れ星」については18〜19ページも見てね。

ふしぬやーうちー（流星）

● 沖縄では「星のフン」とも

夜空をすーっと流れる流れ星（流星）。沖縄では「ふしぬやーうちー」（星の引っ越し）と呼びます。また、「ふしのくすー」（星のフン）という呼び方も聞いたことがあります。

流れ星は、夜空にかがやく星が落ちてくるわけではありません。数ミリほどの小さな宇宙のチリが地球の大気に飛び込んできて光る現象です。

なかなか見ることが難しい流れ星ですが、たくさんの流れ星に出会えるチャンスがあります。

それは「流星群」と呼ばれるもので、この流星群の中でも「しぶんぎ座流星群」「ペルセウス座流星群」「ふたご座流星群」は三大流星群と言われ、天気や月明かりなどの条件が良ければたくさんの流星を見ることができます。

放射点
ほうしゃてん

● 三大流星群について

「しぶんぎ座流星群」は毎年1月4日頃が極大日（活動が活発になる日）ですが、残念なことに沖縄ではこの時期は雲が多く、観測のむずかしい流星群です。しぶんぎ座は現在はない星座で、いまではりゅう座にあたりますが、流星群として名前だけが残っています。

「ペルセウス座流星群」は毎年8月13月頃が極大日です。寒くもなく、子どもたちにとっては夏休みということもあり観測しやすい流星群です。明るい流れ星が見えやすく、流れたあとに残る流星痕も見えやすいのが特徴です。

流星群は、星空のある一点から放射状に飛び出すように見えます。この、流星が飛び出す中心となる点を「放射点」と呼びます。

「ふたご座流星群」は12月14日頃が極大日です。早い時間から放射点が上がり一晩中見られます。

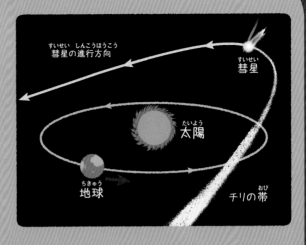

彗星の進行方向

彗星

太陽

地球

チリの帯

● 流星群のもとは彗星

太陽系で太陽の周りを回るものには彗星（ほうき星）もあります。彗星は氷とチリでできた天体で、太陽から離れた冷たい場所からやってきます。彗星が太陽に近づくと表面が溶けてガスやチリが出てきます。この時、長い尾をひいたような姿に見えます。1986年に「ハレー彗星」が地球に近づいて話題になりました（ハレー彗星が次にやってくるのは2061年になります）。

彗星がいなくなった後にも、彗星の通ったあとにはチリが帯のように集まって残っています。地球がそこを通るときに大量のチリが地球の引力で引っ張られ、大気に飛び込んできて流れ星になります。これが流星群のしくみです。地球は約1年で太陽の周りを一周するので、毎年、同じ時期に同じ場所を通ります。彗星の通ったあとを通る時期も同じなので、流星群は毎年、決まった時期に見えるのです。

秋の星

南の空には、秋の1等星「フォーマルハウト」と沖縄で見ることのできる1等星の「アケルナル」、そして長い首をのばした、つる座の美しい姿も見えます。

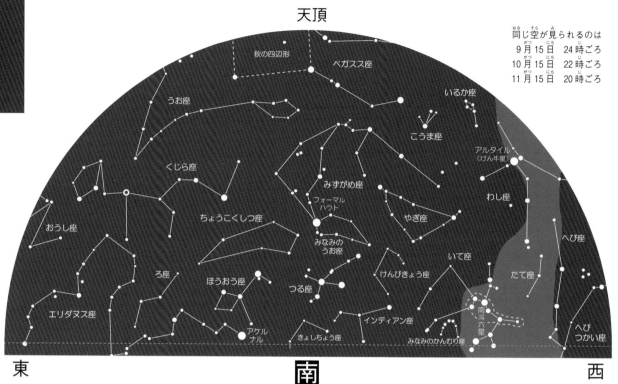

天頂

同じ空が見られるのは
9月15日　24時ごろ
10月15日　22時ごろ
11月15日　20時ごろ

秋の四辺形　ペガスス座　いるか座　こうま座　アルタイル（けん牛星）　わし座　へび座　うお座　くじら座　みずがめ座　フォーマルハウト　やぎ座　みなみのうお座　ちょうこくしつ座　いて座　たて座　おうし座　けんびきょう座　ろ座　ほうおう座　つる座　南斗六星　インディアン座　へびつかい座　エリダヌス座　アケルナル　きょしちょう座　みなみのかんむり座

東　南　西

● 秋にはカシオペヤ座から北極星をさがす

春には北斗七星（ナナチブシ）で北極星をさがしましたが、秋になると北斗七星は水平線の下に沈んでしまいます。

秋には、北の空に「W」の文字の形に並ぶカシオペヤ座から北極星を見つけると便利です。

何度か見つけているうちに位置関係をおぼえてくるので、簡単に見つけられるようになります。

秋の夜空にはギリシャ神話の古代エチオピア王家物語の登場人物が勢ぞろいしています。このカシオペヤ座も登場人物のひとりです。

カシオペヤ座

北極星
ほっきょくせい

Wの、二つの山をひとつにして、真ん中の星までの距離を5つ分延ばして見つけます。

台風の時期が過ぎると、冬まではすっきりと晴れることが多い秋の星空。秋は明るい星が少ないですが、ギリシャ神話のエチオピア王女・アンドロメダ座のおへそあたりには、肉眼で見える最も遠い光のアンドロメダ銀河があります。

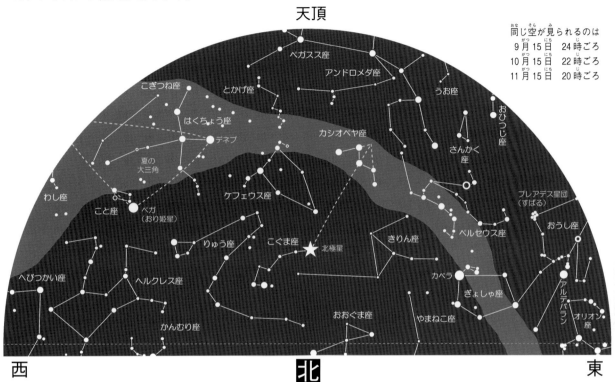

天頂

同じ空が見られるのは
9月15日　24時ごろ
10月15日　22時ごろ
11月15日　20時ごろ

西　　　　　北　　　　　東

● 沖縄で見られる秋のひとつ星

西の空にはまだ夏の大三角が見え、東の空からは冬の明るい星たちがかがやき始めるというのに南の空は明るい星があまりありません。

秋の南天にかがやくみなみのうお座の1等星「フォーマルハウト」は「秋のひとつ星」とも呼ばれています。沖縄ではフォーマルハウト以外にもうひとつ秋の1等星を見ることができます。エリダヌス座の「アケルナル」です。エリダヌスというのは川の名前で、冬の星座オリオン座あたりから続いていますが、アケルナル（川の果て）は端の方にあるので秋の星座と一緒に南の空の低いところに見ることができます。

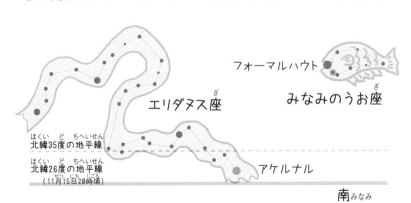

フォーマルハウト

エリダヌス座

みなみのうお座

北緯35度の地平線
北緯26度の地平線
（11月15日20時頃）

アケルナル

南みなみ

● 秋の四辺形とアンドロメダ

秋の星座を見つけるのに便利なのが「秋の四辺形」で、空を駆ける真っ白な馬、ペガススの胴体の部分にあたります。ペガスス座のおへその星はアンドロメダ王女の頭の星でもあります。

アンドロメダ王女はギリシャ神話のエチオピア王家を描いた物語の主人公です。アンドロメダ座の近くには母親のカシオペヤ座と父親のケフェウス座もあります。アンドロメダ王女はお化けクジラ（くじら座）のいけにえとして海岸の大岩に縛りつけられました。それを助けたのがペガススに乗ってやってきた勇者ペルセウスです。ペルセウス座はアンドロメダ座の足元に

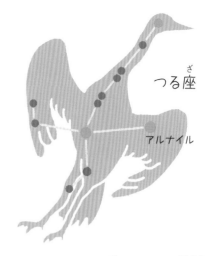

つる座

アルナイル

あります。アンドロメダ座には、250万光年離れたアンドロメダ銀河があります。

● つる座を見つけよう

この季節に沖縄でみることのできる南天の星座には、つる座、ほうおう座、インディアン座（一部は見えない）などがありますが、その中でも明るく美しい形をしたつる座をさがしてみましょう。

みなみのうお座が南中した頃、下を見るとアルファベットの「f」のような形で星が並んでいるのがつる座です。長い首を持ち上げて羽を広げたつるの姿、胸元と首のあたりに二つずつ並んだ星々も美しくかがやいています。

アンドロメダ銀河
アルマク
ミラク
アンドロメダ座
ペガスス座
アルフェラッツ
秋の四辺形

アンドロメダ王女の物語

古代エチオピアの国には王様のケフェウス、お妃のカシオペヤ、二人の間の美しい娘アンドロメダ王女がいました。ある日カシオペヤは王女の美しさを「海の精霊たちより美しい」と自慢してしまいました。

それが海の神ポセイドンの耳に入り、エチオピアの海にお化けクジラが現れて暴れるようになりました。お化けクジラが現れると津波が起こって街は壊され、牛や馬などの家畜は流されてしまいます。困ったケフェウス王が神様に祈ると、「アンドロメダ王女をいけにえにしなく

てはならない」という神託を受けてしまいました。

海岸の大岩に鎖でつながれたアンドロメダ王女のもとへ、大きな口を開けたお化けクジラがせまってきます。ちょうどその時、魔女メデューサを退治した帰りの勇者ペルセウスが、天馬ペガススに乗って近くを通りかかりました。アンドロメダ王女を助けようとペルセウスは持っていた魔女メデューサの首を取り出してお化けクジラの目の前に差し出すと、お化けクジラは大きな石に変わりました。

ペルセウスはアンドロメダ王女と結婚して幸せに暮らしました。

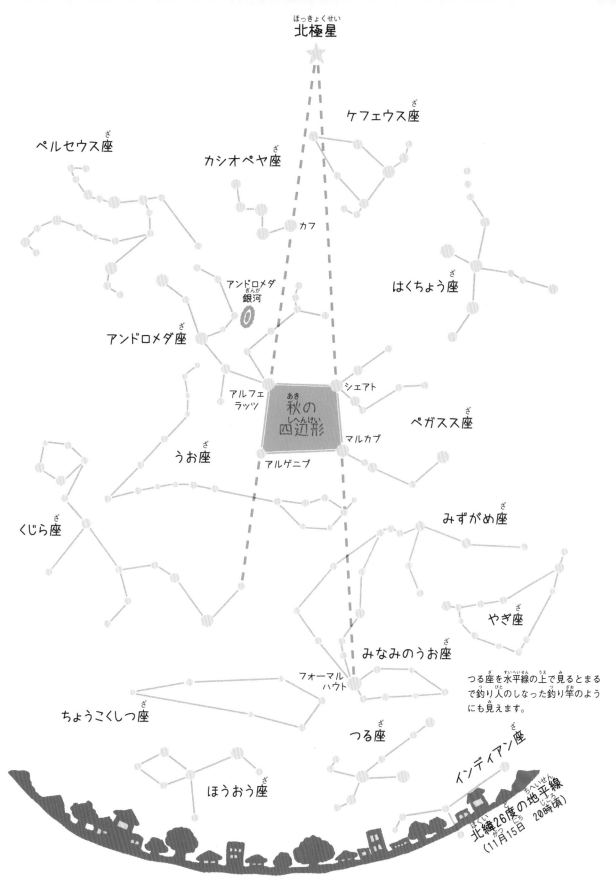

北極星
（ほっきょくせい）

ケフェウス座（ざ）

ペルセウス座（ざ）

カシオペヤ座（ざ）

カフ

はくちょう座（ざ）

アンドロメダ銀河（ぎんが）

アンドロメダ座（ざ）

アルフェラッツ

シェアト

秋の四辺形
（あき）（しへんけい）

ペガスス座（ざ）

マルカブ

うお座（ざ）

アルゲニブ

みずがめ座（ざ）

くじら座（ざ）

やぎ座（ざ）

みなみのうお座（ざ）

フォーマルハウト

つる座を水平線（すいへいせん）の上（うえ）で見（み）るとまるで釣り人（つりびと）のしなった釣り竿（つりざお）のようにも見（み）えます。

ちょうこくしつ座（ざ）

つる座（ざ）

インディアン座（ざ）

ほうおう座（ざ）

北緯26度の地平線（ほくい）（ど）（ちへいせん）
（11月15日（がつ）（にち）　20時頃）（じころ）

沖縄の生活と月

● 旧暦のもとになるのは月

月は昔から沖縄の人々の生活と深い関係がありました。旧正月や旧盆などで使われる旧暦は、月の満ち欠けを元に作られた暦です。沖縄では現在も、旧暦に合わせた行事やお祭りがいくつも行われています。

旧盆でご先祖様を見送った後に空を見上げると、まるい月が明るくかがやいています。旧盆は旧暦の7月13日～15日、月は満月に近くなります。（ただし、旧暦15日がちょうど満月の日になるとは限りません）

● 月の満ち欠け

月は地球の周りを回っている衛星です。太陽の光が当たった場所が光りますが、太陽に照らされた月をどこから見るかによって三日月や半月、満月と見え方が変わります。これを月の満ち欠けといいます。

月は一日違うだけで、その形も上ってくる時刻も違います。満月のときは夕方に東の空から上ってきます。満月の夜は明るくて、夜道を歩くにも苦労しないほどです。

潮の満ち引きはおもに月の引力によります。周りを海に囲まれた沖縄では、人々は月の満ち欠けから潮の満ち引きを読み取っていました。

● 月と歌

琉球舞踊の「瓦屋節」では、女性たちが十五夜の名月を愛でる様子がすがすがしく歌われています。また、沖縄だけではなく全国的にも人気の、八重山地方に伝わる「月ぬ美しゃ」という歌もあります。

　月ぬ　美しゃ　十日三日
　美童　美しゃ　十七つ
　（月のきれいなのは13日の月
　乙女がもっとも美しいのは17歳）

月は夜の主役。街灯がほとんどなかった頃には月明かりが頼りでした。

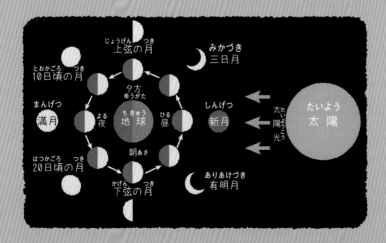

月が地球の周りを回る軌道は楕円になっているために、地球に近づいた時の満月と遠い時の満月は大きさが違って見えます。地球に近づき最も大きく見える満月はスーパームーンと呼ばれ、最も小さいときの月と比べると明るさは3割ほど明るく、視直径は14％ほど大きくなります。

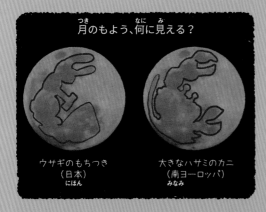

月のもよう、何に見える？

ウサギのもちつき
（日本）
にほん

大きなハサミのカニ
（南ヨーロッパ）
みなみ

● 月のもよう、沖縄では妖精

月の模様は世界各地でいろいろな動物に見立てられています。日本ではもちをつくウサギが一般的ですが、外国ではロバやワニ、女の人の横顔などと言われています。
沖縄では、顔も髪も赤いアカナーという妖精が水桶をかついだ姿と言われていました。

✦ 月に昇ったアカナー

むかしむかし、顔も髪も赤い妖精のアカナーが、鬼と釣りに行きました。
アカナーは木で造った舟に乗り、鬼は土でできた舟に乗りました。アカナーはたくさんの魚が釣れましたが、鬼はまったく釣れません。
アカナーは言いました。「ふなべりにおしっこをかけてから、うぇーく（櫂）でトントンたたいたら、魚があつまってくるさ」
鬼がアカナーに言われた通りにすると、舟は割れて沈んでしまいました。
怒った鬼に追いかけられたアカナーは、クース山（唐辛子山）に逃げこみました。
アカナーはとんちをきかせながら鬼をやりすごそうとしましたが、とうとう、ゆし木のてっぺんに追いつめられてしまいます。
アカナーは月の神様にお願いをしました。
「もし私がかわいいと思うのであれば、金のおーら（カゴ）を下ろしてください。かわいいと

思われないのであれば縄のおーらを下ろしてください」
すると、天から金のおーらがするすると下りてきました。アカナーはそれに乗って月に昇っていこうとしましたが、その途中、鬼に片足をかみちぎられてしまいました。それでもアカナーは月にたどりつくことができました。
鬼もアカナーと同じように月の神様にお願いします。すると今度は縄のおーらが下りてきました。鬼はそれに乗って月に昇っていこうとしましたが、縄が途中で切れて木の幹にぶつかり死んでしまいました。
アカナーは今でも月の神様のお手伝いをして暮らしているといい、月の模様はアカナーが水桶をかついでいる姿だと言われています。

冬の星

オリオン座が空高くのぼり、その近くには、八重山民謡にうたわれた「むりかぶし しゅんた」のお話のある、むりかぶし（すばる）が見えます。

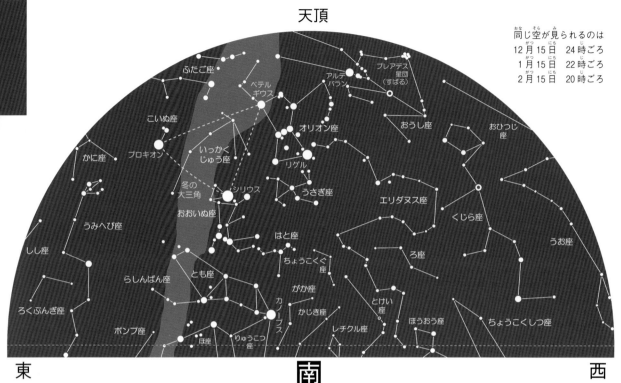

同じ空が見られるのは
12月15日　24時ごろ
1月15日　22時ごろ
2月15日　20時ごろ

天頂

東　　　　　南　　　　　西

● 冬の大三角

冬の星座にはひときわ明るくギラギラとかがやく星があります。これは「シリウス」。おおいぬ座の鼻先、あるいは口元で光っています。そのシリウスの右側（西）に大きなリボンのように星が並んだオリオン座があります。このオリオン座には左上に赤い星「ベテルギウス」、右下に青白い星「リゲル」と、2つも1等星があります。ベテルギウスとシリウスを結んで左側に三角を作るのにちょうどいい位置に明るい星があります。こいぬ座の1等星「プロキオン」です。できあがった三角は「冬の大三角」です。

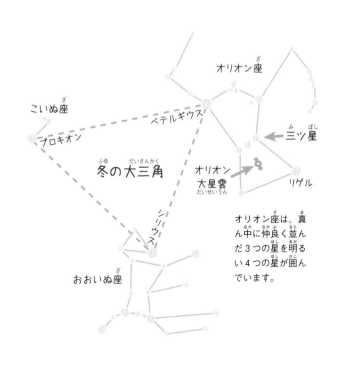

オリオン座は、真ん中に仲良く並んだ3つの星を明るい4つの星が囲んでいます。

冬の夜空は1年で最もきらびやかです。さまざまな色の星たちが明るくかがやき、小さな星たちも集団をなしてかがやきを放ち、ぼんやりとうるんだような宇宙のガスのかたまりも見ることができます。沖縄の冬は雲が多くすっきりとしない日が多いですが、晴れた日には夜空を見上げてみましょう。

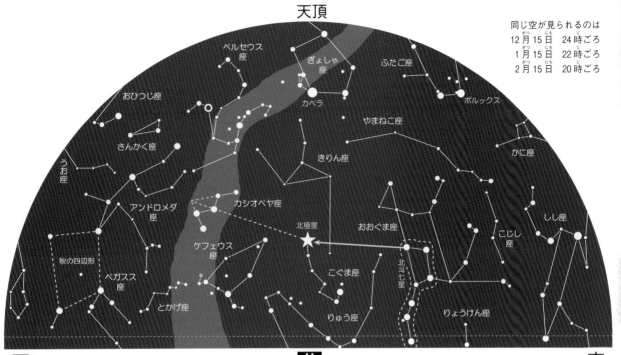

天頂

同じ空が見られるのは
12月15日　24時ごろ
1月15日　22時ごろ
2月15日　20時ごろ

西　　　　　　北　　　　　　東

● オリオン大星雲は星のゆりかご

ギリシャ神話に登場するオリオンは2匹の犬をしたがえる狩人。沖縄でオリオン座は空高く上がるのでいっそう勇ましく見えます。中央に星が三つ並んだ「三ッ星」としても有名で、その三ッ星の下に縦に星が三つ並んだ小三ッ星が見えます。小三ッ星の真ん中あたりは「オリオン大星雲」といって宇宙のガスが集まっている場所。星はガスの集まりから生まれます。オリオン大星雲は赤ちゃん星が次々生まれる星のゆりかごです。沖縄で三ッ星と言えばオリオンビール！ 三ッ星を囲む4つの明るい星を線で結ぶとオリオンのビール缶のように見えてきます。

● 牛の赤い目・ウマヌチラー

オリオンの三ッ星ベルトを西側に延ばした先には、おうし座の1等星「アルデバラン」があります。まるで牛の赤い目のようです。この辺りには牛の顔のようにVの字に星が並ぶヒヤデス星団があります。沖縄ではヒヤデス星団をもう少し先まで延ばして馬の顔に見立て「ウマヌチラー（馬の顔）」と呼んでいました。

● ぶりぶし（すばる）

小さな星たちが寄り添い青白くうるんだように
かがやく「すばる」と呼ばれるプレアデス星団
は、沖縄では「ぶりぶし」「むりぶし」、八重山
地方では「むりかぶし」と呼ばれています。八
重山地方では天頂を通り、農業の目印とされま
した。沖縄民謡「てぃんさぐぬ花」の「むりぶ

し」は「すばる」という説もあります。
また、沖縄の古謡「おもろさうし」にも「神様
の飾り櫛」と美しく歌われています。

　ゑ　け　上がる　群れ星や

　ゑ　け　神ぎや　差し櫛

　（あれ！　あがる　群れ星（すばる）は

　あれ！　神の飾り櫛）

● 冬のダイヤモンド

一番明るいおおいぬ座の「シリ
ウス」から、こいぬ座の「プロ
キオン」、ふたご座の「ポルッ
クス」、ぎょしゃ座の「カペラ」、
おうし座の「アルデバラン」、
オリオン座の「リゲル」の6つ
の1等星を結ぶと大きなダイヤ
モンドになります。

（ぶりぶし）
すばる（むりぶし）
（むりかぶし）

カペラ

ぎょしゃ座

カストル

ポルックス

ふたご座

冬のダイヤモンド

おうし座

プロキオン

アルデバラン

ベテル
ギウス

冬の
大三角

リゲル

おおいぬ座

シリウス

オリオン座

ウマヌチラー

おうし座のあたりは、
沖縄ではウマの顔と
呼ばれるよ

● カノープス（南極老人星）

オリオン座が南の空高く上がった頃、オリオン座とおおいぬ座の間の下にぽつんと明るい星が見えます。これは、りゅうこつ座の1等星「カノープス」です。沖縄では簡単に見ることができますが、他の地域では見るのが難しい星です。中国では南極老人星と呼ばれ、この星をひとめ見ると長生きできると言われていました。北の地方ではなかなか見られず珍しいこと、さらに高度の低い星は大気の影響を受けて赤く見えることから、中国で縁起が良いありがたい星とされたようです。

全国から沖縄にやってくる星好きのみなさんはカノープスを見るのを楽しみにしています。

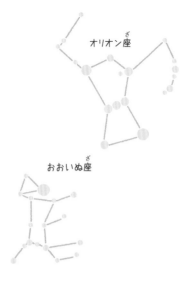

オリオン座

おおいぬ座

カノープス
（南極老人星）

りゅうこつ座

北緯26度の地平線
（2月15日20時頃）

むりかぶしゆんた

むりかぶし（すばる）は八重山では特に大切な星とされています。「むりかぶしゆんた」という八重山の古い歌でも、むりかぶしにまつわる話が語られています。

むかし、八重山の人々は重い年貢の取りたてに苦しんでいました。その様子を見た天の王様と星たちがやりとりをしていました。
南の七つ星は天の王様から「島を治めなさい」と言われましたが、「私にはできません」と断りました。そのために南の空に追いやられて巻き踊りをさせられました。
北の七つ星も天の王様から「島を治めなさい」と言われましたが、「私にはできません」と断ったので北の空に蹴落とされて巻き踊りをさせられました。
ほかの星たちが恐れている中、小さなむりかぶしが天の王様に「私に島を治めさせてください」と申し出ました。

喜んだ天の王様はむりかぶしに「島中が見えるように、天の真ん中を通りなさい」と言いました。
それから八重山の人々はむりかぶしを見て農作業の時期を知るようになり、年貢を納めても十分に暮らしていけるようになりました。

＊南の七つ星は南斗六星、北の七つ星は北斗七星と言われています。

星空を見に行こう 準備と注意点

● 水平線が広く見える場所で

街明かりが少なく、ひらけた場所でたくさんの星を見たいもの。南を中心として水平線が広く見える場所がおすすめです。昼間のうちにトイレの場所や足元を確認するといいでしょう。ハブが出てきそうな草むらには入らないようにしましょう。また、車の通る場所での観察はとても危険ですので控えてください。

● 月明かりが影響しない日に

月明かりは思ったより明るく、満天の星を楽しむためには月明かりの影響のない新月頃がおすすめです。正確な月齢は新聞やネットなどで調べられますし、旧暦も目安となります。
また、夜すぐに沈む三日月の頃（月齢2〜4あたり）は星とともに細くて美しい月も楽しめます。
満月のころは一晩中月が明るいので、星はあまり見えません。また、太陽が沈んでもすぐには暗くなりません。薄明といって、日の入り後や日の出前にはほんのりと空が明るくなります。

● 服装にも気をつけて

虫にさされないように長袖で肌をかくしたりして虫よけ対策をしましょう。また、体が冷えないような服装にしましょう。

● 準備するもの

懐中電灯……安全のために必ず準備しましょう。暗闇を移動する時や、星座早見盤を使うときに必要です。ですが、明るい光が目に入ると星が見えにくくなりますので、星空観察をするときには懐中電灯に赤いセロファンをかぶせて輪ゴムで留めて使用しましょう。

レジャーシートなど……長い間空を眺めていると首が痛くなります。安全な場所ならレジャーシートに寝転がって観察するといいでしょう。流星観察には特におすすめ。

星座早見盤……星座を見つけるのに便利です。最近はスマートフォンのアプリもいろいろな種類があります。スマートフォンを使うときには画面の明るさで他の人の迷惑にならないように気を付けましょう。

星座早見盤

くるくる回るよ

双眼鏡……持ち運びも便利で手軽に星空を楽しめます。両目で見るので明るく立体感があります。おすすめの倍率は7倍〜8倍程度。双眼鏡で夏の天の川を眺めるとたくさんの星や星団などを楽しめます。

✦ プラネタリウムの魅力

● プラネタリウムってなに？

みなさんはプラネタリウムに行ったことがありますか？ プラネタリウムとは、光をドーム状になった天井のスクリーンに映し出すことで夜空を再現する設備のことをいいます。

プラネタリウムは実際の夜空とは違って街の明かりや大気の影響がないので、ふだんは見えづらい水平線のぎりぎりまで、星が明るくはっきりと見えます。

● 沖縄の空をプラネタリウムで

沖縄の春の夜空をプラネタリウムで映し出すと、水平線をとりまく淡い天の川を見ることができます。その水平線の上には南十字星がちょこんとのっかっています。これらを実際の夜空で見るのはとても難しいでしょう。プラネタリウムを眺めていると、あたかも舟を漕ぎだして海の上で夜空を見ているような気分になります。

● それぞれに工夫をこらして

全国にはたくさんのプラネタリウムがあります。天気や街の明かりに関係なくいつでも満天の星を楽しめるとして人気ですが、プラネタリウムの魅力はそれだけではありません。担当者がさまざまな工夫をして、その館ならではの投影と解説を楽しませてくれます。

たとえば、目で見えないような小さな星ま

で見せてくれたり、コンピューターグラフィックで迫力のある宇宙を楽しませてくれたり。幼児向けの投影の時には見ている子どもたちの反応を聞きながら投影の内容を変えていくこともあります。もちろん、大人のための投影も行われています。

星空初心者から宇宙をもっと知りたい方、星に癒されたい方まで。プラネタリウムにはいろいろな楽しみ方があります。どのようなものが投影されているか、事前に調べたり、問い合わせてみるといいでしょう。

● 沖縄のプラネタリウム一覧

那覇市牧志駅前ほしぞら公民館プラネタリウム

投影ごとに生解説で今夜の星空を案内しています。

〒 902-0067
沖縄県那覇市安里 2 丁目 1-1

海洋博公園プラネタリウム

海洋文化館の建物の中にあります。番組投影回数も多く大きなドームで星を楽しむことができます。

〒 905-0206
沖縄県国頭郡本部町字石川424番地

いしがき島星ノ海プラネタリウム

3Dドーム映像を体験できるドームシアターです。2019年にオープンしました。

〒 907-0012
沖縄県石垣市美崎町1番地
ユーグレナ石垣港離島ターミナル内

文・福里美奈子

那覇市牧志駅前ほしぞら公民館プラネタリウムで投影機を動かしながら解説をする操作技師をしています。
月を眺めるのが好きだった祖母、プラネタリウムに連れて行ってくれた幼稚園の先生の影響を受けて、気が付けば星やプラネタリウムが大好きになっていました。星好き・宇宙好きの仲間たちと「小禄天文クラブ」をつくり、「星のソムリエ®」として星空観察会などを行っています。

沖縄本島で撮った南十字星
（撮影：田端研二）

絵・ミキシズ（新垣屋）

イラストレーターです。デザイン事務所、建築事務所勤務を経て現在に至ります。主な絵の仕事に『まんが琉球こどもずかん』『楽しい すぐ使える 福祉レクリエーション』（宮本晋一・著）（共にボーダーインク刊）、『琉球妖怪大図鑑』（小原猛・著）『竹取やー御主前ぬ物語』（宮良信詳・訳注）（共に琉球新報社刊）などがあります。

参考図書・URL

『Okinawa四季の星座』伊舎堂弘ほか、沖縄星観の会編、むぎ社
『おきなわ民話かるた解説書』遠藤庄治、沖縄時事出版
『おもろさうし』外間守善・西郷信綱、岩波書店
『新版 よくわかる星空案内』木村直人、誠文堂新光社
『日本の星 星の方言集』野尻抱影、中央公論社
『日本の星名事典』北尾浩一、原書房
『Newton別冊 星座物語』教育社
『ばがー島 八重山の民話』竹原孫恭、大同デザインセンター
『星と宇宙のなぞ』瀬川昌男、小峰書店
『星と星座をみつけよう』森雅之著、誠文堂新光社
『星と星座のふしぎ』荒舩良孝著、すばる舎
『星の沖縄方言名 1』金城誠
『八重山古謡 第二輯』宮良當壮、郷土研究社
『やさしい星座のみつけ方』藤井旭／塩野米松、ポプラ社
『琉球昔噺集』喜納緑村、南報社
半円プラネタリウム　http://star.gs/cgi-bin/scripts/planet_s.cgi
コトバンク　https://kotobank.jp/

おきなわの星

2020年4月27日　　初版第一刷発行

文　　福里美奈子
絵　　ミキシズ
発行者　池宮紀子
発行所　（有）ボーダーインク
〒902-0076　沖縄県那覇市与儀 226-3
電話 098（835）2777
FAX 098（835）2840
印刷所　でいご印刷

ISBN978-4-89982-380-3